U0096503

「我誓言，必將致富」

作者簡介

小茉

國立台灣藝術大學舞蹈學系畢業，

現職舞蹈教師兼理財部落客；

能動能靜的斜槓人生，生活也要會賺會玩！

期望讀者能以貼近生活的方式

讓理財投資觀念及方式更加鞏固！

☆追蹤Blog學習理財小知識：https://molly1336123.pixnet.net/blog

☆加入LINE與我即時互動：https://lin.ee/jNDfZTC

我的理財行事曆

出版發行　白象文化事業有限公司

412台中市大里區科技路1號8樓之2（台中軟體園區）

出版專線：（04）2496-5995　傳真：（04）2496-9901

401台中市東區和平街228巷44號（經銷部）

購書專線：（04）2220-8589　傳真：（04）2220-8505

初版一刷　2020年7月

定　　價　280元

當你拿起這本記事本時，
你已決心致富並將理財滲入你的每一天！

「心想事成」！沒錯，只要你有強大的念力，鎖定目標，並有堅持下去的毅力，必定能心想事成！

許多人一心妄想一夕致富，想以小錢投資賺大錢，投資順序總是本末倒置，大家一定要記得，致富關鍵在於：賺錢→存錢→翻本！

《我用一張表7年做到財務自由》作者濱口和也，他這麼說：「儲蓄生活不只能實現夢想，努力的過程本身就能帶來富足的人生」，財務自由這個名詞在現今已經非常常見，但並不是賺得多就越容易達到財務自由，「儲蓄」才是實現夢想的第一步！

「成功不是轟轟烈烈，是點點滴滴」，小茉研讀了許多投資理財書籍，也誓言將理財能夠融入生活當中，並使用這個方式多年，希望能與拿起這本記事本的你，一起分享，經由這本《致富記事本》一起邁向財富自由之路！

★先理財→再投資；理財(觀念)=地基，投資(技術)=高樓。

★讓存錢更有目標，理財步驟：

1.你還有壞債嗎？（利率超高的消費債）儘快還完！

2.沒有債務，很好，開始存緊急預備金（固定支出*6個月）

3.存好了緊急預備金，你選擇好你需要的保險了嗎？(保險=保障)

4.都準備好了，就開始準備投資之路吧，翻倍翻倍再翻倍！

《致富記事本》使用守則

1.先寫下今年的目標，讓自己每天朝著自己的目標前進，會更有目的性。
2.理財的第一步，先了解你的個人資產負債表。
3.翻開月記事之前，寫下這個月的時間管理計畫。

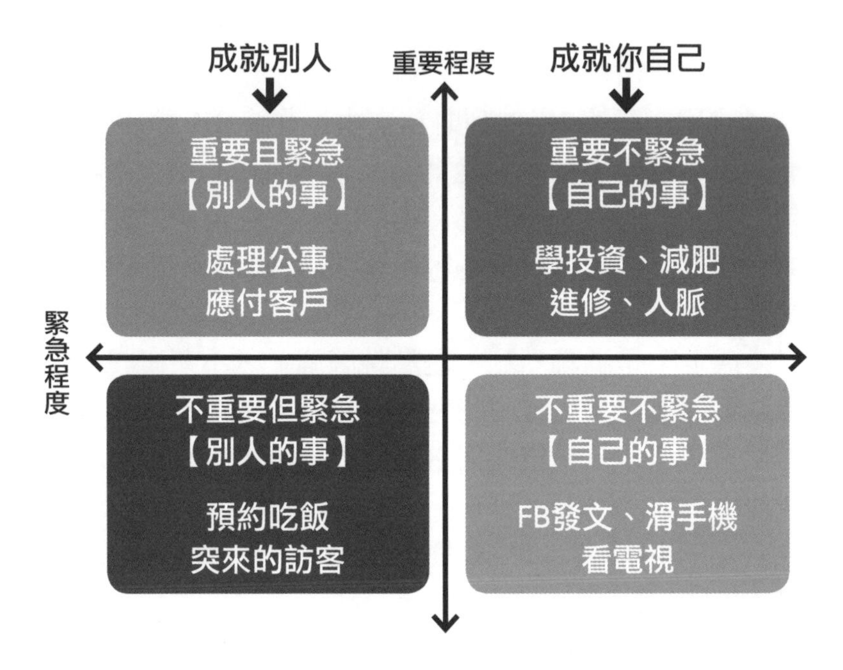

4.每天記事格右下角填上「365天存錢大計畫」金額，每天將剩餘零錢存下，又是另一筆資金，2-3年輕鬆存緊急預備金！(或使用最末頁的表格也可以)
5.每月記帳，使用T. Harv Eker的「六個罐子存錢法」，預先寫下使用金錢比例，讓自己輕鬆存、輕鬆花！

6.小茉強烈建議寫下日記，設定日記的特別名稱也可以(例如：理財日記、減肥日記、心情日記)，今天即使想不出來，寫下：「我不知道要寫什麼！」也沒關係，一點一滴慢慢累積，你會從日記中發現自己的改變！
7.一年後的最後，再寫上你的個人資產財務報表，檢視自己，堅持儲蓄一年後，你的財務狀況的變化！
8.答應我，在這一年內填滿最後一頁的書櫃，從你喜歡的書的類別下手，將會對你的人生產生巨大的改變！

______ 年目標

工作、事業目標

- [ ] ______
- [ ] ______
- [ ] ______

人際關係目標

- [ ] ______
- [ ] ______
- [ ] ______

健康目標

- [ ] ______
- [ ] ______
- [ ] ______

娛樂目標

- [ ] ______
- [ ] ______
- [ ] ______

存錢目標

- [ ] ______
- [ ] ______
- [ ] ______

______ 目標

- [ ] ______
- [ ] ______
- [ ] ______

我的個人資產負債表				
資產		**負債**		**利率**
股票		房貸餘額		
基金		車貸		
房產現值		信用卡債		
車子殘值		信貸		
定存		保單貸款		
保單可貸金額（壽險/儲蓄/年金）		親友借貸		
保單現值（投資型）		個人作保		
活存現金		其他借貸		
外幣現金				
貴金屬現值				
藝術品現值				
其他資產				
總資產		**總負債**		
淨資產（總資產-總負債）=				

金錢是一種結果。財富是一種結果。
健康是一種結果。生病是一種結果。
你的體重也是一種結果。
我們活在一個有因有果的世界。

——T. Harv Eker《有錢人想的和你不一樣》

2018.10.29

讀了那麼多理財的書之後，我發現，心情、心態很重要！對任何事物的充滿正面、感謝的心，宇宙的正能量才會為自己帶來好運。即使是一點點小事也可以充滿喜悅：「哇！今天路上的紅綠燈都沒有等太久，好感恩，讓我早五分鐘到學校上班，開心^^」

因為月底了，也剛好審視自己的每個帳戶。每天審視自己的用錢狀況真的很重要，而且清楚自己每一塊錢的流向，日子真的過得很踏實！

________ 月時間管理計畫表

緊急且重要	重要不緊急
緊急不重要	不緊急且重要

Month

	SUN/日	MON/一	TUE/二
	------ $	------ $	------ $
	------ $	------ $	------ $
	------ $	------ $	------ $
	------ $	------ $	------ $
	------ $	------ $	------ $
這個月撲滿共存： ________ ________元	------ $	------ $	------ $

WED/三	THU/四	FRI/五	SAT/六
------ $	------ $	------ $	------ $
------ $	------ $	------ $	------ $
------ $	------ $	------ $	------ $
------ $	------ $	------ $	------ $
------ $	------ $	------ $	------ $

______ **月收入：$**

	財務自由罐	教育罐	生活必需罐
	×10%=	×10%=	×55%=
/			
/			
/			
/			
/			
/			
/			
/			
/			
/			
/			
/			
/			
/			
/			
/			
合計			
	聰明投資 財務自由	買書上課 提升能力	生活必需的 所有支出

玩樂罐	長期儲蓄罐	贈與罐
×10%=	×10%=	×5%=
犒賞自己 快樂存錢	出國計畫 3C產品	幫助需要 貢獻社會

NOTE

NOTE

NOTE

NOTE

NOTE

NOTE

NOTE

NOTE

NOTE

NOTE

與其存錢，你更該存下努力！
唯有把錢投資在自己或他人身上，才有可能獲利！

——Mentalist DaiGo《花掉的錢都匯自己流回來》

2018.12.30

2018年已經快結束了，希望明年也能持續投資自己的腦袋，這半年看的書都比較偏向理財「心靈雞湯」類型的，強化自己的理財心靈很棒！希望未來也可以多往商業經營方面研讀(建立書單)，可以對事業有更多的幫助！

利用行事曆順利存到自己的目標金額，讓我更清楚將理財深入生活每一天真的很實用、很重要！

希望自己的事業目標、健康目標、學習目標、旅遊目標也能夠一點一滴地達成！

目標訂定三大重點：

1.一定要量化。

2.可以執行的。

3.目標要務實。

________月時間管理計畫表

緊急且重要	重要不緊急
緊急不重要	不緊急且重要

Month

	SUN/日	MON/一	TUE/二
	------ $	------ $	------ $
	------ $	------ $	------ $
	------ $	------ $	------ $
	------ $	------ $	------ $
	------ $	------ $	------ $
這個月撲滿 共存： __________ ________元	------ $	------ $	------ $

WED/三	THU/四	FRI/五	SAT/六
------ $	------ $	------ $	------ $
------ $	------ $	------ $	------ $
------ $	------ $	------ $	------ $
------ $	------ $	------ $	------ $
------ $	------ $	------ $	------ $

現在只要加入「小茉的理財花園」，
理財知識不漏接，還有贈書活動唷！

.... **月收入：$**

	財務自由罐	教育罐	生活必需罐
	×10%=	×10%=	×55%=
/			
/			
/			
/			
/			
/			
/			
/			
/			
/			
/			
/			
/			
/			
/			
/			
合計			
	聰明投資 財務自由	買書上課 提升能力	生活必需的 所有支出

玩樂罐	長期儲蓄罐	贈與罐
×10%=	×10%=	×5%=
犒賞自己 快樂存錢	出國計畫 3C產品	幫助需要 貢獻社會

NOTE

NOTE

NOTE

NOTE

NOTE

NOTE

NOTE

NOTE

NOTE

NOTE

如果你夢想著什麼，你就要相信它。
如果你相信它，你就會得到它。

——李約瑟、金蔡松花《有窮爸爸你也能變富兒子》

2019.2.18

2019年過了快兩個月了，我的部落格也經營一段時間了，雖然之前一直都沒有什麼流量，但部落格經營是需要時間慢慢累積，並不是短時間就能看到效果。

但很開心前陣子接到學長的電話，知道我在經營部落格，邀請我一起加入粉絲團的寫文計畫。只是將我平常在寫的文章加以優化就可以，真的太棒了！感覺是給自己默默做的事情打了一劑強心針，所以馬上就答應了！

這讓我更加了解，一定要讓自己身在一個理財的環境裡，參加理財團、或參加講座認識2-3個對投資理財也有興趣及了解的人，對自己更有幫助。

＿＿＿＿月時間管理計畫表

緊急且重要	重要不緊急
緊急不重要	不緊急且重要

Month

	SUN/日	MON/一	TUE/二
	------ $	------ $	------ $
	------ $	------ $	------ $
	------ $	------ $	------ $
	------ $	------ $	------ $
	------ $	------ $	------ $
這個月撲滿 共存： __________ ________元	------ $	------ $	------ $

WED/三	THU/四	FRI/五	SAT/六
------ $	------ $	------ $	------ $
------ $	------ $	------ $	------ $
------ $	------ $	------ $	------ $
------ $	------ $	------ $	------ $
------ $	------ $	------ $	------ $

________ **月收入：$**

	財務自由罐	教育罐	生活必需罐
	×10%=	×10%=	×55%=
/			
/			
/			
/			
/			
/			
/			
/			
/			
/			
/			
/			
/			
/			
/			
/			
合計			
	聰明投資 財務自由	買書上課 提升能力	生活必需的 所有支出

玩樂罐	長期儲蓄罐	贈與罐
×10%=	×10%=	×5%=
犒賞自己 快樂存錢	出國計畫 3C產品	幫助需要 貢獻社會

NOTE

NOTE

NOTE

NOTE

NOTE

NOTE

NOTE

NOTE

NOTE

NOTE

財富自由的公式很簡單，
就是不斷累積可以創造現金流的資產。

——Ms.Selena《打造富腦袋》

2019.12.15

今年又快過去了，因為自己堅持的理財記事本，讓我很清楚看到我的目標逐漸的在達成，當然有一兩個事業目標還沒有完全達標，但我相信很快就會達到的！

最近看到了這樣的話：「想法可以天馬行空，但行動才會造成影響」，每個人都想要做點什麼來讓自己的未來更不一樣，但終究只是想想，「真正的勇敢不是心中毫無恐懼，而是即使害怕，還是去做該做的事」，想要做的事情，做就對了，從錯誤中學習，才能成功！

.... 月時間管理計畫表

緊急且重要	重要不緊急
緊急不重要	不緊急且重要

Month

	SUN/日	MON/一	TUE/二
	------ $	------ $	------ $
	------ $	------ $	------ $
	------ $	------ $	------ $
	------ $	------ $	------ $
這個月撲滿共存：	------ $	------ $	------ $
________ ________元	------ $	------ $	------ $

WED/三	THU/四	FRI/五	SAT/六
------ $	------ $	------ $	------ $
------ $	------ $	------ $	------ $
------ $	------ $	------ $	------ $
------ $	------ $	------ $	------ $
------ $	------ $	------ $	------ $

現在只要加入「小茉的理財花園」，
理財知識不漏接，還有贈書活動唷！

.... **月收入：$**

	財務自由罐	教育罐	生活必需罐
	×10%=	×10%=	×55%=
/			
/			
/			
/			
/			
/			
/			
/			
/			
/			
/			
/			
/			
/			
/			
/			
合計			
	聰明投資 財務自由	買書上課 提升能力	生活必需的 所有支出

玩樂罐	長期儲蓄罐	贈與罐
×10%=	×10%=	×5%=
犒賞自己 快樂存錢	出國計畫 3C產品	幫助需要 貢獻社會

NOTE

NOTE

NOTE

NOTE

NOTE

NOTE

NOTE

NOTE

NOTE

NOTE

習慣決定一切，
無論你目前所在地在哪裡，都能夠朝著遠大的目標邁進！

——吉井雅之《最強習慣養成》

2020.1.13

上個月，讀了《最強習慣養成》這本書，養成習慣這件事，不要求完美很重要，書中就有提到：日記，即使寫一行也好，要養成的是「每天做」這件事，不要求總是要寫滿整一頁或字跡多工整。運動，不要求第一天就要跑幾公里，而是「今天有穿運動鞋出門」，這樣也好！

這正是我遇過的問題，覺得太受用了！以前看到別人寫的日記工整又華麗，買了大一堆顏色的筆，卻總能因為一些小原因，完全放棄……

還有，對於跑步這件事，總是要求自己一定要像以前一樣跑3公里，但有一段時間沒跑，突然要再這樣跑，總覺得力不從心。

看完這本書後，我告訴自己，走幾圈跑幾圈都好，不要逼迫自己，這樣開始自己的跑步習慣，到現在已經一個多月了，而且是開心的養成這個習慣，現在每次出門都是開心愉悅的！

____________月時間管理計畫表

緊急且重要	重要不緊急
緊急不重要	不緊急且重要

Month

	SUN/日	MON/一	TUE/二
	------ $	------ $	------ $
	------ $	------ $	------ $
	------ $	------ $	------ $
	------ $	------ $	------ $
這個月撲滿共存：	------ $	------ $	------ $
________ ______元	------ $	------ $	------ $

WED/三	THU/四	FRI/五	SAT/六
------ $	------ $	------ $	------ $
------ $	------ $	------ $	------ $
------ $	------ $	------ $	------ $
------ $	------ $	------ $	------ $
------ $	------ $	------ $	------ $

現在只要加入「小茉的理財花園」，
理財知識不漏接，還有贈書活動唷！

月收入：$

	財務自由罐	教育罐	生活必需罐
	×10%=	×10%=	×55%=
/			
/			
/			
/			
/			
/			
/			
/			
/			
/			
/			
/			
/			
/			
/			
/			
合計			
	聰明投資 財務自由	買書上課 提升能力	生活必需的 所有支出

玩樂罐	長期儲蓄罐	贈與罐
×10%=	×10%=	×5%=
犒賞自己 快樂存錢	出國計畫 3C產品	幫助需要 貢獻社會

NOTE

NOTE

NOTE

NOTE

NOTE

NOTE

NOTE

NOTE

NOTE

NOTE

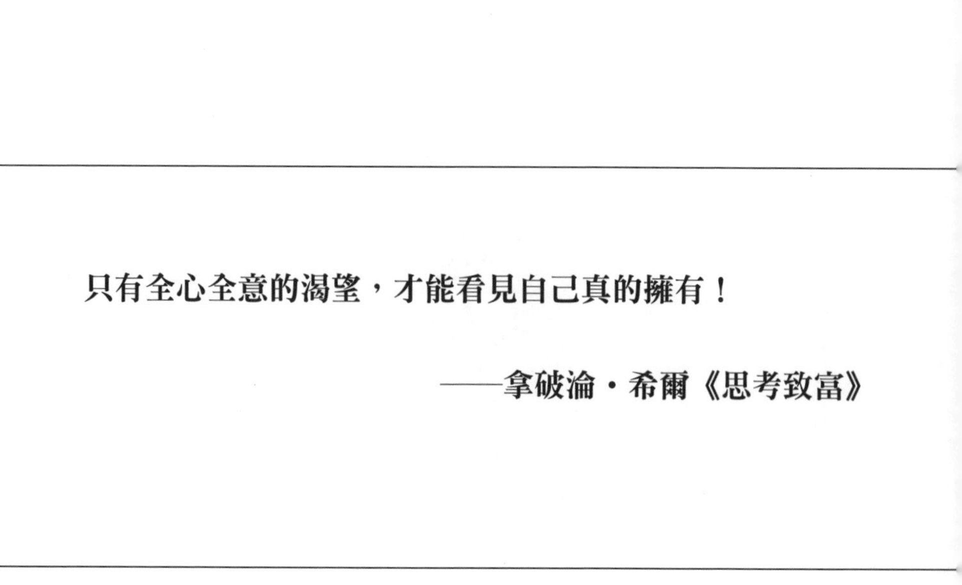

只有全心全意的渴望，才能看見自己真的擁有！

——拿破崙・希爾《思考致富》

《思考致富》致富六步驟

1.心裡明確定下一個具體數字。

2.為了達到目標，確實指定你願意付出的代價。

3.訂下具體日期，當作你「已經擁有」那筆財富的截止日。

4.打造一套實現渴望的明確計畫，立即行動！

5.寫下一份聲明，詳載前面四個步驟。

6.每天晨起、睡前，大聲誦讀這份聲明！

.... 月時間管理計畫表

緊急且重要	重要不緊急
緊急不重要	不緊急且重要

Month

	SUN/日	MON/一	TUE/二
	------ $	------ $	------ $
	------ $	------ $	------ $
	------ $	------ $	------ $
	------ $	------ $	------ $
這個月撲滿共存：	------ $	------ $	------ $
________ ________元	------ $	------ $	------ $

WED/三	THU/四	FRI/五	SAT/六
------ $	------ $	------ $	------ $
------ $	------ $	------ $	------ $
------ $	------ $	------ $	------ $
------ $	------ $	------ $	------ $
------ $	------ $	------ $	------ $

現在只要加入「小茉的理財花園」，
理財知識不漏接，還有贈書活動唷！

.... **月收入：$**

	財務自由罐	教育罐	生活必需罐
	×10%=	×10%=	×55%=
/			
/			
/			
/			
/			
/			
/			
/			
/			
/			
/			
/			
/			
/			
/			
/			
合計			
	聰明投資 財務自由	買書上課 提升能力	生活必需的 所有支出

玩樂罐	長期儲蓄罐	贈與罐
×10%=	×10%=	×5%=
犒賞自己 快樂存錢	出國計畫 3C產品	幫助需要 貢獻社會

NOTE

NOTE

NOTE

NOTE

NOTE

NOTE

NOTE

NOTE

NOTE

NOTE

理財的起點是存錢，過程是投資，最後則是花錢！

——施昇輝《零基礎的佛系理財術》

《零基礎的佛系理財術》

在書中看到《買房OR租房！》這個問題，書中有個小故事小茉看了非常有趣，至今都還記得。

作者說，有位學生引用一位名人的話：「聰明的人都租房子！」來反駁作者。

這時作者回覆：「那是因為這位名人太有錢了，若有一天老了沒有房東再願意租她房子，她絕對有能力立刻買一間房子來住！」

換句話說，若你有把握老的時候有足夠的財力買房子，那就不用擔心因不可知因素沒有房子可以租了！

＿＿＿＿ 月時間管理計畫表

緊急且重要	重要不緊急
緊急不重要	不緊急且重要

Month

	SUN/日	MON/一	TUE/二
	------ $	------ $	------ $
	------ $	------ $	------ $
	------ $	------ $	------ $
	------ $	------ $	------ $
這個月撲滿共存：	------ $	------ $	------ $
________ ______元	------ $	------ $	------ $

WED/三	THU/四	FRI/五	SAT/六
------ $	------ $	------ $	------ $
------ $	------ $	------ $	------ $
------ $	------ $	------ $	------ $
------ $	------ $	------ $	------ $
------ $	------ $	------ $	------ $

現在只要加入「小茉的理財花園」，
理財知識不漏接，還有贈書活動唷！

.... **月收入：$**

	財務自由罐	教育罐	生活必需罐
	×10%=	×10%=	×55%=
/			
/			
/			
/			
/			
/			
/			
/			
/			
/			
/			
/			
/			
/			
/			
合計			
	聰明投資 財務自由	買書上課 提升能力	生活必需的 所有支出

玩樂罐	長期儲蓄罐	贈與罐
×10%=	×10%=	×5%=
犒賞自己 快樂存錢	出國計畫 3C產品	幫助需要 貢獻社會

NOTE

NOTE

NOTE

NOTE

NOTE

NOTE

NOTE

NOTE

NOTE

NOTE

有錢人最重要的資產是耐心，
而缺乏耐心卻是中產階級最大的負債！

——基斯・卡麥隆・史密斯《有錢人的習慣和你不一樣》

以下問題的回答，
很可能決定你一生財富有多少！

【Q1：全球鉅富比爾．蓋茲最近有兩則新聞，你會跟朋友聊哪一則？】

a. 他與女明星的緋聞

b. 他對未來產業趨勢的看法

【Q2：公司發了一筆獎金，你會怎麼打算？】

a. 先犒賞自己的辛苦，買想要的東西或吃頓大餐

b. 先存起來，思考這筆錢如何變成第一桶金

【Q3：有位股票名人辦了兩場演講，你選擇哪一場？】

a. 免費的大眾理財講座

b. 報名費五千元的投資講座

【Q4：工作出了紕漏，你第一個念頭是哪個？】

a. 為什麼我會這麼倒楣？

b. 我該如何改善，不再發生同樣的事？

【Q5：下列兩句話，你較常說哪一句？】

a. 我早該這麼做

b. 我做到了

★你聊的話題，決定你有多少財富。

.... 月時間管理計畫表

緊急且重要	重要不緊急
緊急不重要	不緊急且重要

Month

	SUN/日	MON/一	TUE/二
	------ $	------ $	------ $
	------ $	------ $	------ $
	------ $	------ $	------ $
	------ $	------ $	------ $
這個月撲滿共存： ________ ________元	------ $	------ $	------ $
	------ $	------ $	------ $

WED/三	THU/四	FRI/五	SAT/六
------ $	------ $	------ $	------ $
------ $	------ $	------ $	------ $
------ $	------ $	------ $	------ $
------ $	------ $	------ $	------ $
------ $	------ $	------ $	------ $

現在只要加入「小茉的理財花園」，
理財知識不漏接，還有贈書活動唷！

月收入：$

	財務自由罐	教育罐	生活必需罐
	×10%=	×10%=	×55%=
/			
/			
/			
/			
/			
/			
/			
/			
/			
/			
/			
/			
/			
/			
/			
/			
合計			
	聰明投資 財務自由	買書上課 提升能力	生活必需的 所有支出

玩樂罐	長期儲蓄罐	贈與罐
×10%=	×10%=	×5%=
犒賞自己 快樂存錢	出國計畫 3C產品	幫助需要 貢獻社會

NOTE

NOTE

NOTE

NOTE

NOTE

NOTE

NOTE

NOTE

NOTE

NOTE

「有錢人」，是口袋有錢的人

但「富裕」，是生活不缺錢，又活得快樂。

——王志鈞《從0存款到破百萬》

《個人化財務報表理財術》製作自己的致富PDCA

<table>
<tr><td colspan="2">標題：5年存到買房頭期款</td><td colspan="2" rowspan="2">1.每個月存25,000
2.實行六個罐子理財法
3.每月只能聚餐一次
4.找到一個喜歡的投資工具並鑽研
5.今年一定要操作一項投資工具</td></tr>
<tr><td colspan="2">目標：今年存到30萬</td></tr>
<tr><th>計畫
Plan</th><th>執行
Do</th><th>檢視
Check</th><th>調整再行動
Adjust</th></tr>
<tr><td>1/1</td><td rowspan="4">★成果、實績
★照預定走？
★有誤差？
★有突發狀況？</td><td rowspan="4">★從自己的角度獲得的覺察
★順利進行或不順利的原因？</td><td rowspan="4">★解決問題所需要的行動
★需要改變什麼？
★需要停止什麼？
★需要開始什麼？</td></tr>
<tr><td>2/1</td></tr>
<tr><td>3/1</td></tr>
<tr><td>4/1</td></tr>
</table>

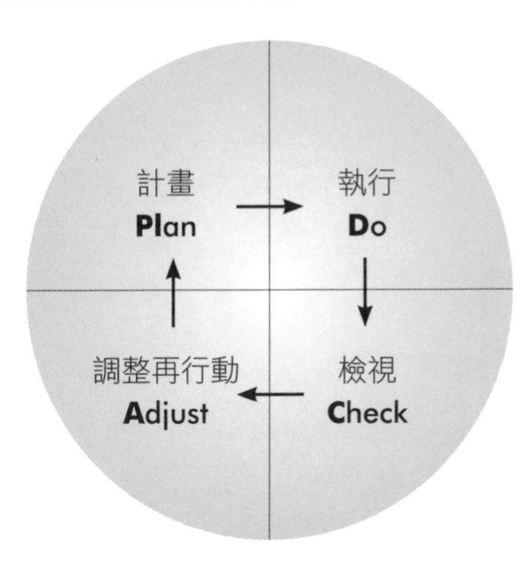

__________ 月時間管理計畫表

緊急且重要	重要不緊急
緊急不重要	不緊急且重要

Month

	SUN/日	MON/一	TUE/二
	------ $	------ $	------ $
	------ $	------ $	------ $
	------ $	------ $	------ $
	------ $	------ $	------ $
這個月撲滿共存：	------ $	------ $	------ $
________ ________元	------ $	------ $	------ $

WED/三	THU/四	FRI/五	SAT/六
------ $	------ $	------ $	------ $
------ $	------ $	------ $	------ $
------ $	------ $	------ $	------ $
------ $	------ $	------ $	------ $
------ $	------ $	------ $	------ $

現在只要加入「小茉的理財花園」，
理財知識不漏接，還有贈書活動唷！

月收入：$

	財務自由罐	教育罐	生活必需罐
	×10%=	×10%=	×55%=
/			
/			
/			
/			
/			
/			
/			
/			
/			
/			
/			
/			
/			
/			
/			
/			
合計			
	聰明投資 財務自由	買書上課 提升能力	生活必需的 所有支出

玩樂罐	長期儲蓄罐	贈與罐
×10%=	×10%=	×5%=
犒賞自己 快樂存錢	出國計畫 3C產品	幫助需要 貢獻社會

NOTE

NOTE

NOTE

NOTE

NOTE

NOTE

NOTE

NOTE

NOTE

NOTE

當我們懂得珍惜身邊的人，
奢侈的消費、物質名利的享受，就變得毫不重要！

——百樂《財務自由總需要一點瘋狂》

《財務自由總需要一點瘋狂》九個阻礙致富藉口

1.我與生意夥伴意見不合。

2.金錢是罪惡的源頭

窮困才是罪惡的源頭，當你對老闆沒有利用價值，你就會被一腳踢走！

3.創業成功的機會，有如買彩票，都是不屬於我的

創業要成功，控制權是在自己手裡，用堅韌意志和靈活適應，把逆境改變過來吧！

4.市場競爭對手比我優秀，無法贏

5.我們的市場商機已過

創富者擁有一份靈活適應的堅持！運用創意思維把產品和服務做適當調整去迎合市場變化，自己把市場商機追回來吧！

6.我已花光了所有資金

與其說：「我不能做下去，因為我沒有錢」

不如說：「我必須想辦法賺錢，因為我有創富夢！」

7.我和朋友變得疏遠

暫別那些因你成功而忌妒你的朋友，並抓緊一直支持並和你並肩作戰的戰友吧！

8.「平凡」比起起伏伏的創業生活要好

知足常樂，不是要你安於現狀、不思長進，而是帶著這顆感恩的心，發散正能量成就上進求突破的創富動力！

9.要發大財，就要犧牲家庭

為了家庭，你會全力以赴給予他們更好的生活家，不是賺錢的障礙或負擔家，是你實現創富的最大動力源頭！

________月時間管理計畫表

緊急且重要	重要不緊急
緊急不重要	不緊急且重要

Month

	SUN/日	MON/一	TUE/二
	------ $	------ $	------ $
	------ $	------ $	------ $
	------ $	------ $	------ $
	------ $	------ $	------ $
這個月撲滿共存：	------ $	------ $	------ $
________ ________元	------ $	------ $	------ $

WED/三	THU/四	FRI/五	SAT/六
------ $	------ $	------ $	------ $
------ $	------ $	------ $	------ $
------ $	------ $	------ $	------ $
------ $	------ $	------ $	------ $
------ $	------ $	------ $	------ $

.... **月收入：$**

	財務自由罐	教育罐	生活必需罐
	×10%=	×10%=	×55%=
/			
/			
/			
/			
/			
/			
/			
/			
/			
/			
/			
/			
/			
/			
/			
/			
合計			
	聰明投資 財務自由	買書上課 提升能力	生活必需的 所有支出

玩樂罐	長期儲蓄罐	贈與罐
×10%=	×10%=	×5%=
犒賞自己 快樂存錢	出國計畫 3C產品	幫助需要 貢獻社會

NOTE

NOTE

NOTE

NOTE

NOTE

NOTE

NOTE

NOTE

NOTE

NOTE

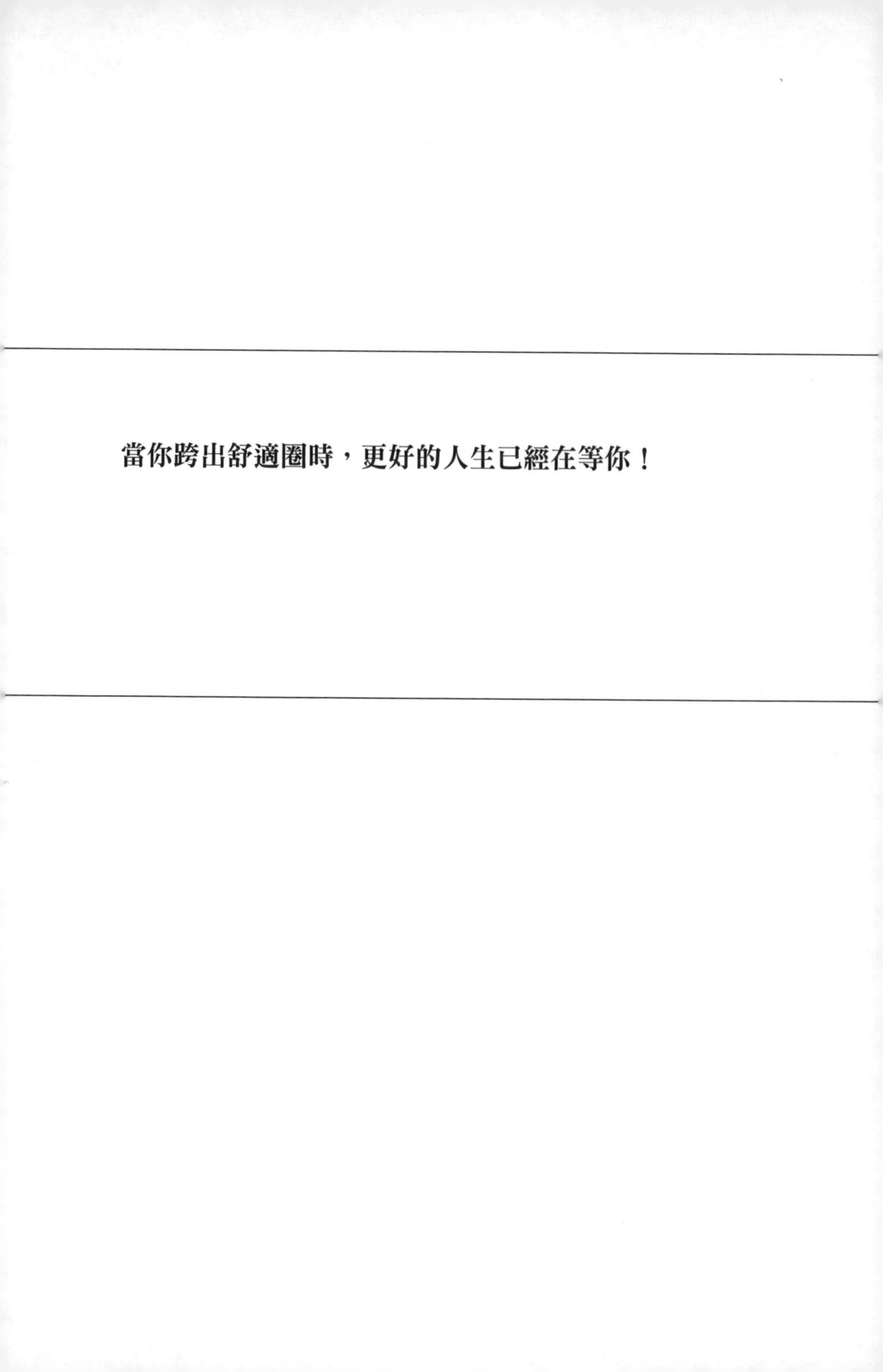

當你跨出舒適圈時，更好的人生已經在等你！

《有窮爸爸也能變富兒子》——讓你掉入「窮忙」無底洞的五大「金錢模式」

1.衝動型：深怕錯過時機、常常性急投資，結果大賠慘輸

2.耳根子軟型：在人際上花費大方，借出去的錢也常要不回來

3.完美主義型：保守派，認為朝九晚五打拚來的薪水最穩定

4.被害者型：以為「節儉」就能致富，不願手上的錢損失一分一毫

5.爭取型：積極生財，但容易招致他人嫉妒與眼紅

________ 月時間管理計畫表

緊急且重要	重要不緊急
緊急不重要	不緊急且重要

Month

	SUN/日	MON/一	TUE/二
	------ $	------ $	------ $
	------ $	------ $	------ $
	------ $	------ $	------ $
	------ $	------ $	------ $
這個月撲滿	------ $	------ $	------ $
共存： __________ ________元	------ $	------ $	------ $

WED/三	THU/四	FRI/五	SAT/六
------ $	------ $	------ $	------ $
------ $	------ $	------ $	------ $
------ $	------ $	------ $	------ $
------ $	------ $	------ $	------ $
------ $	------ $	------ $	------ $

.... **月收入：$**

	財務自由罐	教育罐	生活必需罐
	×10%=	×10%=	×55%=
/			
/			
/			
/			
/			
/			
/			
/			
/			
/			
/			
/			
/			
/			
/			
/			
合計			
	聰明投資 財務自由	買書上課 提升能力	生活必需的 所有支出

玩樂罐	長期儲蓄罐	贈與罐
×10%=	×10%=	×5%=
犒賞自己 快樂存錢	出國計畫 3C產品	幫助需要 貢獻社會

NOTE

NOTE

NOTE

NOTE

NOTE

NOTE

NOTE

NOTE

NOTE

NOTE

書寫，是避免思緒混亂的唯一方法！

——齋藤孝《邊寫邊思考的大腦整理筆記法》

《錢包之神》教你五招養出錢包財神爺！！

〈一〉重視金錢=重視自己

錢包管理，是個人資產與象徵的重視和管理。唯有認真管理金錢的人，才能看清楚自己的金錢流動與儲蓄狀況。定期整理錢包，切勿將發票、名片、收據、信用卡堆積在錢包裡！

〈二〉以「感恩」的心情使用每分金錢

戒掉「宣洩壓力」、「不是最喜歡，就將就一下吧」的花錢習慣！

花錢時，請珍惜每一分金錢，並帶著「開心雀躍」的心情。

〈三〉賺來的金錢價值=你本身的價值

首先你必須認同「自己的價值=價值薪水」，尊重每一分金錢，用心對待，喜愛金錢，金錢才會喜愛你。

〈四〉遠離『我沒錢』語言惡魔

一直強調自己沒錢——金錢將不再寵愛你。

但！真的「沒有」金錢怎麼辦呢→請先培養支付現金的習慣。

〈五〉五要點選擇屬於你的「真命天包」

1.請在「黃道吉日」選購錢包。絕對不去暢貨中心或清倉拍賣選購。
2.皮革製品可以獲得「天然的能量」。
3.購買錢包後，請先撒或塗上香氣淨化。
4.養成每天整理錢包的習慣。
5.打造錢包床鋪：每晚放在寢室中的衣櫃裡。(朝向北方或西北方)

________ 月時間管理計畫表

緊急且重要	重要不緊急
緊急不重要	不緊急且重要

Month

	SUN/日	MON/一	TUE/二
	------ $	------ $	------ $
	------ $	------ $	------ $
	------ $	------ $	------ $
	------ $	------ $	------ $
這個月撲滿共存：	------ $	------ $	------ $
________ ________元	------ $	------ $	------ $

WED/三	THU/四	FRI/五	SAT/六
------ $	------ $	------ $	------ $
------ $	------ $	------ $	------ $
------ $	------ $	------ $	------ $
------ $	------ $	------ $	------ $
------ $	------ $	------ $	------ $

________ 月收入：$

	財務自由罐	教育罐	生活必需罐
	×10%=	×10%=	×55%=
/			
/			
/			
/			
/			
/			
/			
/			
/			
/			
/			
/			
/			
/			
/			
/			
合計			
	聰明投資 財務自由	買書上課 提升能力	生活必需的 所有支出

玩樂罐	長期儲蓄罐	贈與罐
×10%=	×10%=	×5%=
犒賞自己 快樂存錢	出國計畫 3C產品	幫助需要 貢獻社會

NOTE

NOTE

NOTE

NOTE

NOTE

NOTE

NOTE

NOTE

NOTE

NOTE

NOTE

NOTE

我的腦袋投資書櫃

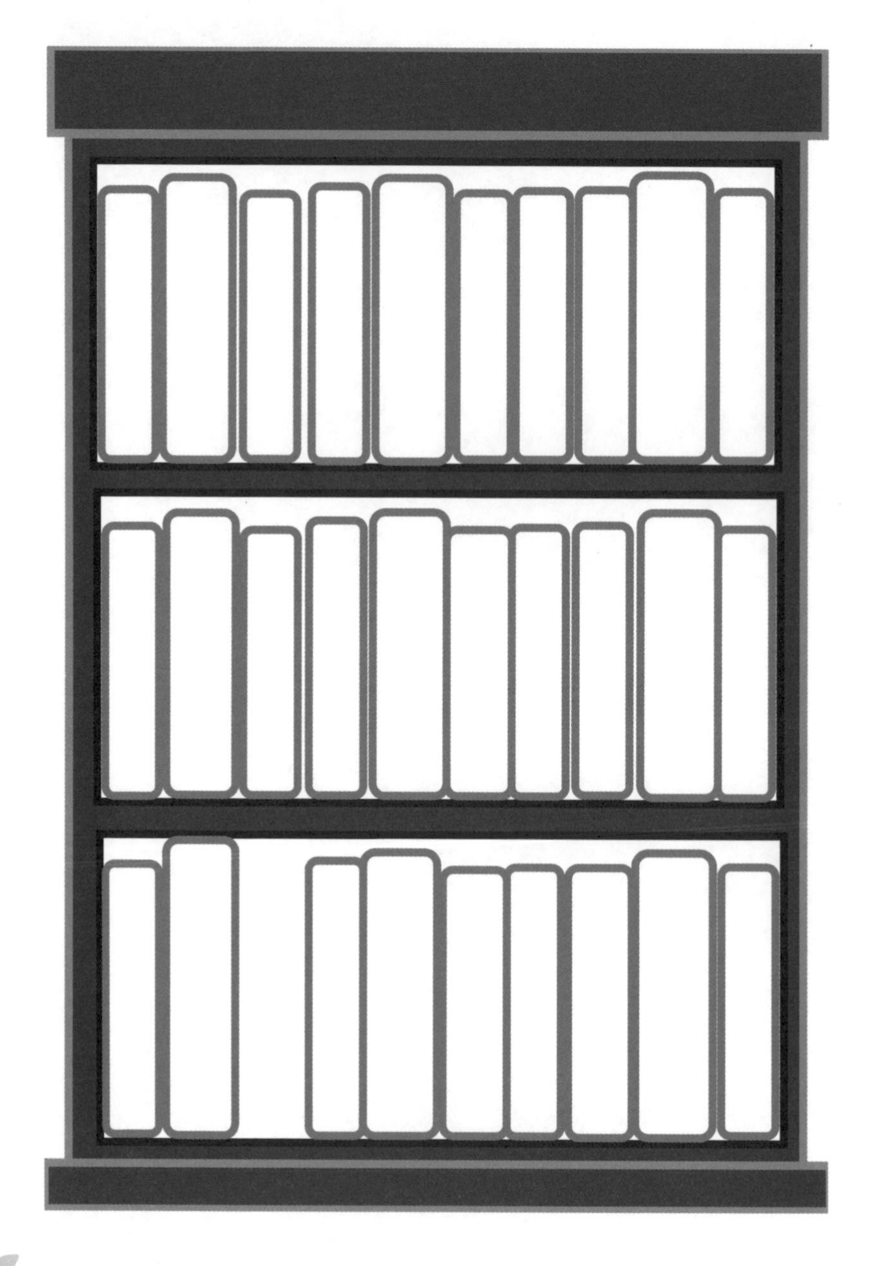

我的個人資產負債表				
資產		**負債**		**利率**
股票		房貸餘額		
基金		車貸		
房產現值		信用卡債		
車子殘值		信貸		
定存		保單貸款		
保單可貸金額（壽險/儲蓄/年金）		親友借貸		
保單現值（投資型）		個人作保		
活存現金		其他借貸		
外幣現金				
貴金屬現值				
藝術品現值				
其他資產				
總資產		**總負債**		
淨資產（總資產-總負債）=				

365天存錢大作戰

1	2	3	4	5	6	7	8	9	10
21	22	23	24	25	26	27	28	29	30
41	42	43	44	45	46	47	48	49	50
61	62	63	64	65	66	67	68	69	70
81	82	83	84	85	86	87	88	89	90
101	102	103	104	105	106	107	108	109	110
121	122	123	124	125	126	127	128	129	130
141	142	143	144	145	146	147	148	149	150
161	162	163	164	165	166	167	168	169	170
181	182	183	184	185	186	187	188	189	190
201	202	203	204	205	206	207	208	209	210
221	222	223	224	225	226	227	228	229	230
241	242	243	244	245	246	247	248	249	250
261	262	263	264	265	266	267	268	269	270
281	282	283	284	285	286	287	288	289	290
301	302	303	304	305	306	307	308	309	310
321	322	323	324	325	326	327	328	329	330
341	342	343	344	345	346	347	348	349	350
361	362	363	364	365					

11	12	13	14	15	16	17	18	19	20
31	32	33	34	35	36	37	38	39	40
51	52	53	54	55	56	57	58	59	60
71	72	73	74	75	76	77	78	79	80
91	92	93	94	95	96	97	98	99	100
111	112	113	114	115	116	117	118	119	120
131	132	133	134	135	136	137	138	139	140
151	152	153	154	155	156	157	158	159	160
171	172	173	174	175	176	177	178	179	180
191	192	193	194	195	196	197	198	199	200
211	212	213	214	215	216	217	218	219	220
231	232	233	234	235	236	237	238	239	240
251	252	253	254	255	256	257	258	259	260
271	272	273	274	275	276	277	278	279	280
291	292	293	294	295	296	297	298	299	300
311	312	313	314	315	316	317	318	319	320
331	332	333	334	335	336	337	338	339	340
351	352	353	354	355	356	357	358	359	360

恭喜你，今年撲滿存下

$66,795元

NOTE

NOTE

NOTE

NOTE

NOTE

NOTE

NOTE

NOTE

NOTE

NOTE

NOTE